湖北五峰后河国家级自然保护区科考丛书

湖北五峰后河国家级自然保护区生物多样性图谱

刘芳　毛业勇　主编

中国林业出版社

图书在版编目（CIP）数据

湖北五峰后河国家级自然保护区生物多样性图谱 / 刘芳, 毛业勇主编. -- 北京 : 中国林业出版社, 2022.9
（湖北五峰后河国家级自然保护区科考丛书）

ISBN 978-7-5219-1823-6

Ⅰ. ①湖… Ⅱ. ①刘… ②毛… Ⅲ. ①自然保护区—生物多样性—五峰土家族自治县—图谱 Ⅳ. ①S759.992.634 –64②Q16–64

中国版本图书馆CIP数据核字(2022)第152027号

中国林业出版社·自然保护分社（国家公园分社）

策划编辑：肖　静
责任编辑：葛宝庆　肖　静
装帧设计：张　丽　刘临川
出　　版：中国林业出版社（100009 北京市西城区刘海胡同7号）
　　　　　http://www.forestry.gov.cn/lycb.html
电　　话：（010）83143612　83143577
发　　行：中国林业出版社
印　　刷：河北京平诚乾印刷有限公司
版　　次：2022年9月第1版
印　　次：2022年9月第1次
开　　本：787mm×1092mm　1/16
印　　张：11
字　　数：100千字
定　　价：120.00元

编辑委员会

主　任　陈　华
副主任　王润章
委　员　李伦华　万　红　刘新平　柯志强　邓红静　陈宏铃　毛业勇

主　审　李迪强

主　编　刘　芳　毛业勇
副主编　张代贵　宿秀江　栾晓峰　姬云瑞　张培毅　韦雪蕾　陈双林
　　　　刘胜祥
编　委　（以姓氏笔画为序）
　　　　邓　昊　邓长胜　邓　权　王业清　王新忠　王永来　王永超
　　　　王永琼　王永芳　王永英　王永香　韦雪蕾　左　杰　吕　泓
　　　　向明喜　向梅花　向明贵　向明月　朱晓琴　朱雨诗　李凤英
　　　　李忠华　许海波　许建华　刘　琼　刘建华　刘伯寿　张　娥
　　　　张国锋　杜建锋　陈　岑　陈昱竹　陈敏豪　陈政宇　汪　磊
　　　　何　平　何玉芬　杨继红　杨　佳　杨　林　邵建峰　罗小华
　　　　宗　宇　郑志章　赵润锋　胡　杨　胡琼芳　姬云瑞　聂才爱
　　　　龚仁琥　黄德枚　黄德兰　隗向阳　程玉芬　曾凡焌　薛　锋

学术支持单位
　　　　中国林业科学研究院森林生态环境与自然保护研究所
　　　　吉首大学
　　　　北京林业大学
　　　　中国科学院昆明植物研究所
　　　　西南交通大学
　　　　南京师范大学
　　　　华中师范大学
　　　　武陵山动植物研究所

编撰指导单位
　　　　湖北省林业局自然保护地管理处
　　　　湖北省林业局野生动植物与湿地保护管理处
　　　　湖北省野生动植物保护总站
　　　　宜昌市林业和园林局

前言 PREFACE

湖北五峰后河国家级自然保护区（以下简称"后河保护区"）位于武陵山东段，武陵山脉是连接云贵高原与我国亚热带地区东部的重要纽带，是北亚热带与中亚热带的过渡带，是我国东亚成分迁移过程中介于秦岭与南岭之间的重要通道，具有其他地区不可替代的重要性。武陵山脉还是中国17个具有国际意义的生物多样性关键地区、全球200个重要生态区之一，是中国生物区系核心地带——华中区的重要组成部分。后河保护区处于云贵高原向东南丘陵平原的过渡地带和中亚热带向北亚热带的过渡地带，生物区系具有十分明显的过渡性和代表性，古老孑遗物种相当丰富，成为生物避难所和中国特有物种的集中分布区之一。

为了全面调查保护区野生动植物、文化和社会资源本底情况，获取翔实的资源本底信息，建立本底资源数据库，掌握重要物种动态变化规律，以中国林业科学研究院森林生态环境与自然保护研究所（以下简称"森环森保所"）为主的科研机构，自2017年开始了后河保护区的本底资源调查。将后河保护区划分为（2×2）平方千米的网格，累计有26个网格，高等植物（植物物种、植物群落）、鸟类和兽类调查样线和鸟兽调查取样均基于网格进行，要求每个专题在每个网格内均有实地调查，保证取样空间代表性。在时间上，要求在植物物种生长季节有2个季节的重复调查，野生动物样线有冬春季和夏季调查，鸟类有春秋迁徙季节和繁殖季节的调查。调查时采用数据采集应用程序（APP）开展野外数据收集，建立了后河保护区监测平台。

按照专业分工，组成植物多样性、植被、兽类、鸟类、小型哺乳类、两栖爬行类、鱼类和无脊椎动物综合调查队，每个调查小组均配备2~3名保护区内的相关工作人员。参加单位和人员分工如下。

植物多样性：吉首大学，组长为张代贵教授。
植被：武陵山动植物研究所，组长为宿秀江正高级工程师。
兽类和鸟类：森环森保所，组长为刘芳副研究员。
小型哺乳类、两栖爬行类、鱼类：北京林业大学，组长为栾晓峰教授。
无脊椎动物：森环森保所，组长为张培毅研究员。

本底资源调查结果显示，由于独特的生态环境和优越的气候条件，后河保护区物种资源十分丰富。后河保护区植物种类丰富多样，包括维管束植物共202科1099属3302种（包含种下分类群、栽培植物）、苔藓植物61科132属272种、地衣植物16科30属57种。后河保护区也具有丰富的野生动物资源。据调查，后河保护区内已知的陆生脊椎动物有4纲28目98科417种、水生脊椎动物3目4科8种、昆虫有19目218科1964属2476种。陆生脊椎动物中包括两栖动物2目9科41种、爬行动物2目10科53种、鸟类16目55科255种和哺乳动物8目24科68种。

后河保护区珍稀濒危动植物较多，分布有国家重点保护野生植物76种，其中，国家一级保护野生植物有5种，即红豆杉、南方红豆杉、珙桐、曲茎石斛、大黄花虾脊兰；国家二级保护野生植物有篦子三尖杉、连香树、闽楠等71种。分布有国家重点保护野生动物66种，其中，国家一级保护野生动物有穿山甲、大灵猫、金猫、云豹、金钱豹、林麝、中华秋沙鸭和金雕等8种，国家二级保护野生动物有猕猴、黑熊、黄喉貂、水獭、豹猫、红腹角雉、松雀鹰、灰林鸮、领鸺鹠、红脚隼等58种；被《世界自然保护联盟（IUCN）濒危动物红色名录》列为受威胁（CR、EN和VU）的物种有16种；被《中国濒危动物红皮书》列为受威胁（CR、EN和VU）物种收录的动物有44种。

在本底资源调查过程中，各调查组均采集了大量的影像资料，笔者从中精选图片，汇聚成这本图谱。本图谱包括景观篇和物种篇两部分，其中景观篇展现后河优美的自然风光，物种篇展示部分珍稀濒危的野生动植物特征和图片。

在本图谱编制工作中得到了湖北省各级政府、相关部门的大力支持和帮助，在此表示衷心感谢。由于时间仓促，加之水平有限，不足之处在所难免，望各位专家和同仁批评指正。

编者
2021年12月

目录 CONTENTS

前言

P008 ~ 025
第一篇　景观

P026 ~ 176
第二篇　物种

植物　　　　　028
昆虫　　　　　063
两栖爬行动物　078
鸟类　　　　　109
哺乳动物　　　158

第一篇

景 观
LANDSCAPE

(五峰县摄影家协会 供图)

01 百溪河

小地名: 百溪河

峡谷幽深,汇百溪之精粹。绿潭如茵,拢千山之秀美。百溪河,位于鄂西南云雾深处的五峰土家族自治县,属武陵山支系余脉,在雷打石进入湖南省石门县,经澧水入洞庭湖,是洞庭湖的发源地之一,离长江仅60千米,是长江的重要支流之一。坎坷嶙峋的喀斯特地貌造就了一个又一个奇特的地质景观,是一块鲜为人知的风光宝地。

景观

(五峰县摄影家协会 供图)

.02. 日出

小 地 名：独岭

日影斜沉，微云卷舒，似彩袖一般在山头轻拂，青墨色的山峦便这样渐渐睡去，睡在蓝色的云雾中。

(五峰县摄影家协会 供图)

.03. 云海

小地名： 独岭

云海翻腾，如烟似浪，千变万化，伴着朝阳的一片橘色，带着前者的足迹继续向前。

景观 013

(五峰县摄影家协会 供图)

04. 百溪河瀑布

小 地 名： 妙船

一袭瀑布沿山宣泄而下，好像叠叠的浪在争先恐后地涌上岸滩，又像青山衬着一串珍珠的屏，不时吹来一阵风，吹得它如烟、如雾、如尘。

(向明贵 拍摄)

05 春到农家

小 地 名： 百溪河卢家台

四野无尽的、灿烂热烈的油菜花盛开着，满山金黄的光泽，加上馥郁的花香，交织出一幅绚丽的诗画，也给这乡间传递着新一年的朝气、热情、光明和希望。

(五峰县摄影家协会 供图)

.06. 烟笼群山

小 地 名：独岭

暮色霭霭，模糊群山。云从山顶倾泻，湛蓝的天空映衬着山头的澄光，处处都透出淡泊与悠远。

(李新华 拍摄)

07 后河晨光

小地名： 犀牛谷

微风拂过寂静的山林，晨光熹微，林中溪水缓缓流淌，一束束光透过树叶倾泻而下，伴随着春日刚刚探出头的新芽，散发出潮湿的泥土与湿润的草香，在光影交错里感受着时光的静谧。

（聂才爱　拍摄）

08. 后河日出

小　地　名：独岭

冲破厚厚的云层，一抹朝阳唤醒云雾里的重叠山峦，刹那间晶莹剔透，宛若仙境。

(聂才爱 拍摄)

09 金秋后河

小 地 名: 犀牛谷
点点薄云悄悄拂过山脉,带着一抹淡淡的雾笼罩着山间地头。

(季卫民 拍摄)

.1.0. 北风垭

小地名: 北风垭及百溪河

浅秋,释然了娇艳的嫣红,云淡风轻里漂浮着蓝天。微凉的秋意,正悄悄染红山间的一树树枫叶,风吹过,原本静谧的、恬淡的叶,仿佛是飘着火焰的波浪,在漫山遍野洒落着红韵。

(毛业勇 拍摄)

1.1 林间

小 地 名: 六里溪

林间洁净清新,山峦守口如瓶,不必言语,只需忘身于此间,凝望醉人的青葱繁茂,感受雾气的湿润朦胧。

(张国锋 拍摄)

.1.2. 银装

小 地 名: 独岭

冬季天气寒冽,松树挂满冰凌,在蓝天的背景下,银装愈发晶莹。

(张国锋 供图)

1.3 玉树琼花

小 地 名： 独岭

晴空万里如洗，玉树琼花满目。素裹银装低枝舞，拂袖北风身不曲。

（后河管理局　供图）

（五峰县摄影家协会 供图）

15. 重峦叠嶂

小 地 名： 独岭

层峦叠嶂烟云中，天色清明映山容。

14. 长果安息香（左图）

小 地 名： 泉河

长果安息香又名长果秤锤树，是中国特有的珍贵园林观赏树种，被称为植物"活化石"。其对生存环境要求极高，木材较脆，大多长在沟谷，易被山洪冲断，结果率低，果壳坚硬，种子萌发率低，且需要一年休眠期，因此野外种群数量极少，先后被列入第一批国家重点保护野生植物以及国家极小种群保护对象。后河保护区在2019年4月首次发现。

景观

第二篇
物 种
SPECIES

植 物
PLANTS

(张代贵 供图)

01 红豆杉 *Taxus wallichiana* var. *chinensis*
红豆杉科红豆杉属

国家保护等级（一级）；CITES（附录Ⅱ）；IUCN（VU）

中国特有种。常绿乔木。木材为物种用材，有"千松万梓八百杉，不敌红榧一枝丫"之说。树皮含紫杉醇，可供提取抗癌药物，因被过度开发，野生资源受到严重破坏。为庭园观赏的名贵树种。在后河保护区，主要分布在壶瓶山主峰南北坡海拔1800米以上的坡顶，数量极少。

02. 南方红豆杉 *Taxus wallichiana* var. *mairei*
红豆杉科红豆杉属

国家保护等级（一级）；CITES（附录Ⅱ）；IUCN（VU）

中国特有种。常绿乔木。用途同红豆杉。后河保护区的核心区内有分布，林中偶见。野生种群仍处于极度濒危状态。各地多有栽培。

（张代贵 供图）

(张代贵 供图)

03. 伯乐树 *Bretschneidera sinensis*
叠珠树科或伯乐树科伯乐树属

国家保护等级（二级）；IUCN（NT）

近年来，国外有人将伯乐树和大洋洲的叠珠树放在一起组成叠珠树科，似乎未得到大多数中国学者的认可。狭义的伯乐树科仅1属1种，系统发育孤立，为第三纪孑遗植物，中国特有种（延伸至中国和越南交界的山区）。该种树体高大，树干通直，材质优良，花和果实具有很高的观赏价值，是优良的园林观赏和用材树种。后河保护区的核心区羊子溪分布有小片群落，大树10余株。总体仍处于濒危状态，更新不良，林下幼树和幼苗稀少。迁地保护第一年育苗发芽、生长均需细致呵护，成苗后长势较快。

04. 珙桐　*Davidia involucrata*
山茱萸科珙桐属

国家保护等级（一级）

法国神父大卫（Jean Pierre Armand David）1869年在四川雅安市宝兴县穆坪发现了珙桐，在世界园艺界引起了轰动，导致国外大量植物学人士纷纷前来采种，从而揭开了中国作为"世界园林之母"的序曲。1899年，英国探索家E·H·威尔逊（Ernest Henry Wilson）几度来华考察和采集植物标本，珙桐就由他引入欧洲，后来引入北美洲，成为世界著名的观赏树种。1954年，周恩来总理在参加联合国日内瓦会议时，听到导游介绍珙桐树的来历并亲切地称它为"中国鸽子花"，深有感触，回国后，指示有关部门要好好保护培植，从此珙桐在我国备受关注。珙桐广泛分布在后河保护区的核心区，是后河保护区的旗舰物种。后河保护区成功地攻克了珙桐的繁殖难题，使珙桐得到了更好的迁地保护。

（张代贵　供图）

05. 光叶珙桐 *Davidia involucrata* var. *vilmoriniana*
山茱萸科珙桐属

国家保护等级（一级）

用途同珙桐。光叶珙桐以叶背面光滑无毛而区别于原变种。在后河保护区，主要分布在长乐坪镇壶瓶山北坡，有大群落和大古树存在。

06 篦子三尖杉　*Cephalotaxus oliveri*
红豆杉科三尖杉属

国家保护等级（二级）；IUCN（VU）

中国特有种。常绿灌木。叶、枝、种子、根可供提取喜树碱，对治疗白血病及淋巴肉瘤等有一定疗效。可作庭园树种。主要分布在后河保护区的核心区和柴埠溪。喜温暖潮湿的林下，乔木层破坏可致其生境消失，影响其种群分布。

（张代贵　供图）

(张代贵 供图)

07 黄杉 *Pseudotsuga sinensis*
松科黄杉属

国家保护等级（二级）；IUCN（VU）

中国特有种。黄杉的寿命长，生长快，木材优良，耐干旱瘠薄，可作页岩地区造林树种。在后河保护区，见于湾潭锁金山，生于山顶瘠薄处，大、小孢子叶球开放期不遇，授粉不良，林下更新不良。

08 巴山榧 *Torreya fargesii*
红豆杉科榧属

国家保护等级（二级）；IUCN（VU）

中国特有种。常绿灌木。木材坚硬，可作家具、农具、雕刻等用；种子可供榨油或炒食。后河保护区的核心区、采花白溢寨有零星分布，但总体数量不多。种子易受啮齿动物危害，繁殖率低。

（张代贵　供图）

（张代贵 供图）

09. 连香树 *Cercidiphyllum japonicum*
连香树科连香树属

国家保护等级（二级）

连香树属共2种，产于中国及日本，是研究东亚植物区系的典型代表。树体高大，寿命长，叶形秀丽，入秋变红，为美丽的色叶树种。后河保护区的核心区、湾潭有分布，数量少，仅以单株形式出现。

10. 野大豆 *Glycine soja* 豆科大豆属

国家保护等级（二级）

一年生草质藤本。种子供食用、制酱、制酱油和豆腐等，又可供榨油。全草还可药用。在后河保护区广布，主产于茅坪，生于园边、沟旁、河岸、路边。无生存威胁。为大豆育种的重要种质资源，对于中国的食品安全有重要意义。

（张代贵 供图）

(张代贵 供图)

1.1 花榈木 *Ormosia henryi*
豆科红豆属

国家保护等级（二级）；IUCN（VU）

常绿乔木。木材纹理美丽，可作轴承及细木家具用材；根、枝、树皮、叶均可入药；又为绿化或防火树种。后河保护区的核心区、百溪河、锁金山有分布。种子发芽后扎根困难，致使成年树木数量稀少。

1.2. 红豆树 *Ormosia hosiei*
豆科红豆属

国家保护等级（二级）；IUCN（EN）

常绿乔木。木材为优良的木雕工艺及高级家具等用材；根与种子入药；树姿优雅，为很好的庭园树种。后河保护区的核心区、百溪河有分布。种子虫蛀、霉变严重，幸存的种子发芽后扎根困难，成年树木数量极少。

（张代贵　供图）

(张代贵 供图)

13. 水青树 *Tetracentron sinense*
昆栏树科水青树属

国家保护等级（二级）

落叶乔木。木材可作用材；树姿优雅，嫩叶翠绿，为很好的庭园树种。后河保护区的核心区、独岭有分布。种子数量多，但生存仍依赖于阔叶林，应加强对其生境的保护。

14. 鹅掌楸 *Liriodendron chinense*
木兰科鹅掌楸属

国家保护等级（二级）

落叶乔木。该种树干挺直，叶形奇特，花大，状如郁金香，为珍贵园林观赏树种。生长迅速，耐雪压，为高山营造杉阔混交林的优良树种。在后河保护区，主产于栗子坪，有小群落分。异花授粉植物，但有孤雌生殖现象，雌蕊往往在含苞欲放时即已成熟，开花时，柱头已枯黄，失去受粉能力，在未授粉的情况下，雌蕊虽能继续发育，但种子生命弱，故发芽率低，是濒危树种之一。

（张代贵 供图）

(张代贵 供图)

1.5. 厚朴 *Houpoea officinalis*
木兰科厚朴属

国家保护等级（二级）

落叶乔木。树皮、根皮、花、种子及芽皆可入药，以树皮为主，为著名中药；种子可用来榨油，供制肥皂；木材供作建筑、板料、家具、雕刻、乐器、细木工等用材；叶大荫浓，花大美丽，可作绿化观赏树。凹叶厚朴 *Houpoea officinalis* subsp. *biloba* 也为国家二级保护野生植物，但其分类地位尚不稳定。厚朴在后河保护区未见野生种群，疑为最近数十年间野生种才消失的物种之一。好在本种在后河保护区种植甚多，部分已处于无人看管的野生状态，有助于恢复厚朴野生种群。

1.6 红椿 *Toona ciliata*
楝科香椿属

国家保护等级（二级）；IUCN（VU）

落叶乔木。木材心材赤褐色，适宜作建筑、车舟、茶箱、家具、雕刻等用材，有中国桃花心木之称。后河保护区五峰镇及百溪河低海拔沟谷林中或山坡疏林中有分布，种子数量庞大，植株被采伐后萌芽能力强，暂无濒危之虞。

（张代贵 供图）

(张代贵 供图)

1.7 喜树 *Camptotheca acuminata*
山茱萸科喜树属

中国特有种，为极小种群。落叶乔木。树干挺直，生长迅速，枝条平展，可作庭园树或行道树；树根、树皮、果实含喜树碱，可作治癌药物。保护区内后河、百溪河均有分布。种子萌发力强，幼苗生长迅速，但野生种群仍需保护。

1.8 金荞麦 *Fagopyrum dibotrys*
蓼科荞麦属

国家保护等级（二级）

多年生草本。块根供药用；叶可作野菜；瘦果可食。在后河保护区广布。块茎生命力强大，幼苗生长迅速。国内分布于陕西、华东、华中、华南及西南。印度、尼泊尔、克什米尔地区、越南、泰国也有分布。生于海拔250～3200米的山谷湿地、山坡灌丛、河谷两岸和土坎边。

（张代贵 供图）

(张代贵 供图)

19. 大叶榉树 *Zelkova schneideriana*
榆科榉属

国家保护等级（二级）；IUCN（NT）

中国特有种。落叶大乔木。木材致密坚硬，其老树材常带红色，故有"血榉"之称，为上等木材；叶入秋变红，可作秋色树种供观赏。在后河保护区，分布于茅坪长坡、百溪河。大叶榉树寿命长，萌发力强，种群稳定。

20. 川黄檗 *Phellodendron chinense*
芸香科黄檗属

国家保护等级（二级）

中国特有种。落叶乔木。树皮富含小檗碱，为常用中药。分布于后河保护区的核心区，变种秃叶黄檗（*P. c.* var. *glabriusculum*）广为种植。野生种群应进行严密保护。

（张代贵 供图）

（张代贵 供图）

21 台湾水青冈 *Fagus hayatae*
壳斗科水青冈属

国家保护等级（二级）

中国特有种。落叶乔木。木材为珍贵硬木，用途广泛；坚果可食。分布于后河保护区的核心区至顶坪一线，在常绿、落叶阔叶林中散生。水青冈属共4种，后河保护区均有分布，是东亚植物区系的一个缩影。现有种群应进行严密保护。

植 物　049

22. 伞花木 *Eurycorymbus cavaleriei*
无患子科伞花木属

国家保护等级（二级）

中国特有种。落叶乔木。木材可作小型用材。伞花木为第三纪残遗于中国的特有单种属植物，对研究植物区系和无患子科的系统发育有科学价值。后河保护区的低海拔沟谷阔叶林中均有分布。现有种群结构稳定，无濒危之忧。

（张代贵 供图）

(张代贵 供图)

.23. 闽楠 *Phoebe bournei*
樟科楠属

国家保护等级（二级）；IUCN（VU）

中国特有种。常绿乔木。木材为久负盛名的金丝楠木。金丝楠木指在阳光下木材表面金光闪闪，似金丝浮现，且有淡雅幽香，包括细叶楠、楠木和闽楠。历史上，金丝楠木专用于皇家宫殿、少数寺庙的建筑和家具。北京故宫及现存上乘古建多为金丝楠木构筑。闽楠主产于南岭山地，往北渐少。在后河保护区，见于百溪河，生于溪边阔叶林中，数量稀少。

24. 香果树 *Emmenopterys henryi*
茜草科香果树属

国家保护等级（二级）；IUCN（NT）

中国特有种。落叶乔木。木材可作一般用材；树皮富含纤维；耐涝，可作湿地绿化植物；花萼裂片和漏斗状的花雪白，7月开花，为夏天带来一丝清凉。世人只知珙桐美丽大方，却不晓香果树的繁花满树更胜一筹。后河保护区多地有分布，核心区有古木大树。香果树是茜草科为数不多的乔木，仅1属1种，对于研究茜草科植物系统发育有重要意义。

（张代贵 供图）

(张代贵 供图)

25. 长果秤锤树 *Sinojackia dolichocarpa*
安息香科秤锤树属

国家保护等级（二级）；IUCN（EN）

中国特有种，为极小种群。落叶乔木。速生树种，木材可作一般用材；先花后叶，满树堆雪，可为优良的庭院观赏花木。为本次科考新记录种，百溪河有群落分布，多达500余株，深入调查可能还有更多的发现。长果秤锤树在安息香科较为特别，分类位置不定，分布点狭窄，是研究安息香科植物系统发育的好材料。

26. 呆白菜 *Triaenophora rupestris*
列当科呆白菜属

国家保护等级（二级）；IUCN（EN）

中国特有种。多年生草本。全草入药或供观赏。在后河保护区，分布在柴埠溪河谷悬崖上，百溪河也可能有群落分布。生长在几乎无雨的生境中，是研究植物抗旱、复苏基因的好材料。

（张代贵 供图）

（张代贵 供图）

27 毛瓣杓兰　*Gypripedium fargesii*
兰科杓兰属

国家保护等级（二级）；IUCN（EN）

中国特有种。多年生草本。全草入药；叶面具紫色斑点，唇瓣有茸毛，具极高的观赏价值。喜生于海拔1900～3200米的草坡地腐殖质丰富处，种群极少。在后河保护区，仅在香党坪有少量分布。

28. 毛叶五味子 *Schisandra pubescens*
五味子科五味子属

中国特有种。落叶藤本。果实可食或入药。为五峰模式产地植物,武陵山区其他地方罕见,在后河保护区的湾潭、核桃垭、官岌湾有分布,种群丰富。五味子科是被子植物分类系统(APG系统)发育靠前的类群,本种在后河保护区的分布模式表明了后河植物区系起源上的古老性。

(张代贵 供图)

(张代贵 供图)

29. 武当玉兰　*Yulania sprengeri*
木兰科玉兰属

中国特有种。落叶乔木。本种曾一度作为五峰玉兰和多瓣玉兰新种发表，由此可见，武当玉兰在后河得到了深度的演化。木兰科是哈钦松系统发育最原始的类群，在后河发现武当玉兰多花被的原始类群，再度表明了后河植物区系起源上的古老性。花紫红色，观赏价值极高，在五峰催生了以本种为主打树种的苗木产业。

30. 湘桂新木姜子

Neolitsea hsiangkweiensis
樟科新木姜子属

IUCN（NT）

中国特有种。落叶乔木。叶形秀丽，树形美观，可供庭园观赏。本种原为广西和湖南的地方特有种，本次科考中在后河首次发现，属于湖北省新记录种。集中分布在百溪河河谷，是百溪河两岸常绿阔叶林的建群种。本种的叶片变幻多端，幼树的枝条和叶片狭长，背面无毛，成长枝的小枝、叶片下面密被黄色茸毛，叶长圆形或倒卵状长圆形，这种结构是适应沟谷光照变化的结果。因为它的这种变化造成分类上的鉴定困难，所以在全国植物网站上没有它的花、果图片。

（张代贵 供图）

（张代贵 供图）

3.1 弯尖杜鹃 *Rhododendron adenopodum*
杜鹃花科杜鹃花属

IUCN（VU）

中国特有种。常绿灌木。在后河保护区的核心区较为常见，但在中国它仅有2个分布县（城口和五峰）。它也是后河常绿阔叶林灌木层的建群种。花色从纯白色至红色变幻莫测，是少数几种能够在低海拔地区种植的高山杜鹃之一。

32. 玫红省沽油 *Staphylea holocarpa* var. *rosea*
省沽油科省沽油属

中国特有种。落叶灌木。花色玫瑰红色，果实囊状，为极具个性的庭园观赏植物。分布于后河保护区的长坡、壶瓶山北坡，散生于山坡林中。《中国植物志》记载产于湖北，但本次科考中笔者观赏了从神农架往南一直到湖南壶瓶山自然保护区所产的标本，均与原始描述不同：蒴果不裂，顶端具细尖，花柱明显长于花被和雄蕊，小叶背面脉上有白色丝状毛。

（张代贵 供图）

（张代贵 供图）

33. 鄂西商陆 *Phytolacca exiensis*
商陆科商陆属

鄂西特有种。多年生草本。在后河保护区广布，主产于核心区沙湾、核桃垭、湾潭北风垭、长坡，它是中国唯一一种雌雄异株的商陆，雄花中有退化雌蕊，雌花中有退化雄蕊，心皮多为5个，是一个特征非常明显的种。整个商陆科雌雄异株的物种仅2种，其中一种在非洲。商陆属共4种，块根均可作为商陆入药，植株以鄂西商陆最为高大，产量以鄂西商陆最为多，其根粗大如腿，种植前景光明。

植物

34. 垂丝紫荆 *Cercis racemosa*
豆科紫荆属

鄂西特有种。落叶乔木。花多而美丽，是一种优良的庭园观赏植物；树皮纤维质韧，可供制人造棉和麻类代用品。在后河保护区广布，主产于核心区的纸厂河和核桃垭。

（张代贵 供图）

昆 虫
INSECTS

01. 赤基色蟌 *Echo incarnata*
蜻蜓目色蟌科

雄虫上唇黑色,中央具黄色横纹,头其余部分铜绿色;胸部铜绿色,翅基部1/3片洋红色,不透明;腹部铜绿色。雌虫色彩与雄性近似,但翅为淡褐色,透明。多见于小溪边。国内分布于福建、广西、广东、四川、浙江、湖北、江西、贵州、云南。

(陈敏豪 拍摄)

(陈敏豪 拍摄)

_02_ **透顶单脉色蟌** *Matrona basilaris*
蜻蜓目色蟌科

雄虫体绿色具强烈的金属光泽，翅顶端稍透明，靠近翅基部约占翅1/3的区域为蓝色，其余黑色。雌虫合胸古铜绿色，后方有黄色细纹，翅褐色，具白色较短的伪翅痣。国内分布于浙江、福建、广西、重庆、贵州、云南等地。

03. 宽尾凤蝶 *Agehana elwesi*
鳞翅目凤蝶科

一般在林缘及开阔地活动。喜欢滑翔飞行,飞行时后翅不扇动。喜欢访花与吸水。幼虫以樟科檫树和木兰科鹅掌楸、厚朴等植物为食。国内分布于四川、陕西、湖北、江西、浙江、福建、广东、广西。

(姜中文 拍摄)

(陈敏豪 拍摄）

04. 中华枯叶蛱蝶　*Kallima inachus*
鳞翅目蛱蝶科

翅褐色或紫褐色，有藏青色光泽；前翅顶角尖锐，斜向外上方，中域有1条宽阔的橙黄色斜带，亚顶部和中域各有1个白点；两翅亚缘各有1条深色波线；翅反面呈枯叶色，静息时从前翅顶角到后翅臀角处有1条深褐色的横线，加上几条斜线，酷似叶脉，是蝶类中的拟态典型。

05. 拟斑脉蛱蝶 *Hestina persimilis*
鳞翅目蛱蝶科

翅淡绿白色，脉纹黑色；前翅有几条横带，留出淡绿部分成斑状。成虫多见于5月至8月。幼虫以榆科植物为寄主。国内分布于河北、陕西、河南、湖北、福建、浙江、云南、广西、台湾。

（陈敏豪 拍摄）

(陈敏豪 拍摄)

06. 拟稻眉眼蝶 *Mycalesis francisca*
鳞翅目眼蝶科

成虫喜阴暗区域,飞翔能力有强有弱,飞翔形式为波浪形,多在林荫、竹林中早晚活动。多分布在高山区,有少数种类在开阔地区活动。国内分布于河南、陕西、浙江、江西、福建、广东、广西、海南、台湾。

07 黑蕊尾舟蛾 *Dudusa sphingiformis*
鳞翅目舟蛾科

头和触角黑褐色；颈板、翅基片和前、中胸背面灰黄褐色，各有2条褐色线，前胸中央有2个黑点，冠形毛簇端部、后胸、腹部背面、臀毛簇和匙形毛簇黑褐色。在北京1年1代，成虫7月羽化，8月幼虫开始出现，8月下旬至9月上旬最盛，9月中旬以后老熟幼虫入土化蛹越冬。幼虫群栖性不强，静止时靠第2~4腹足固着叶柄或枝条，前、后端翘起如龙舟，受惊后前端不断颤动以示警戒。国内分布于北京、河北、浙江、福建、江西、山东、河南、湖北、湖南、广西、四川、贵州、云南、陕西和甘肃。

（陈敏豪　拍摄）

(龙志泳 拍摄)

08. 樗蚕 *Philosamia cynthia*
鳞翅目大蚕蛾科

樗蚕成虫翅膀棕褐色,最明显的特征就是翅面上有4个月牙形的半透明斑纹。北方年生1~2代,南方年发生2~3代,以蛹越冬。樗蚕以臭椿为食,也会危害乌桕、樟树、盐肤木、核桃等。幼虫食叶和嫩芽,轻者食叶成缺刻或孔洞,严重时把叶片吃光。国内分布于东北、华北、华东、西南各地。

09. 广腹螳螂 *Hierodula patellifera*
螳螂目螳螂科

广腹螳螂一生主要在灌木和乔木上栖息活动,极少在草丛中。若虫和成虫的捕食期长达4~5个月,可以捕食多种害虫。国内分布于江苏、北京、福建、河南、上海、广东、湖北、台湾、湖南、辽宁、山东和陕西等地。

(陈敏豪 拍摄)

(陈敏豪 拍摄)

10. 狭带贝食蚜蝇　*Betasyrphus serarius*
双翅目食蚜蝇科

幼虫捕食洋槐上的洋槐蚜。国内于北京、内蒙古、辽宁、上海、福建、湖北、广西、海南、四川、云南、西藏、陕西、香港和台湾等地。

1.1 红玉蝽 *Hoplistodera pulchra*
半翅目蝽科

体黄白色,具红色花斑及暗棕褐色刻点。国内分布于湖南、甘肃、陕西、浙江、安徽、江西、湖北、四川、福建、广东、海南、广西、贵州、云南。

(陈敏豪 拍摄)

(姜中文 拍摄)

1.2. 华武粪金龟 *Enoplotrupes sinensis*
鞘翅目粪金龟科

成虫具有发达的嗅觉器官和特殊的体躯形态结构，能敏捷地发现粪堆分散的场所，快速地聚集粪块，做出制作粪球，开掘地道，营建巢穴，转运、贮藏粪堆和产卵抚育幼虫等一连串相互联系的特定行为。国内分布于福建、湖北、湖南、重庆、四川、西藏。

1.3 眼斑齿胫天牛

Paraleprodera diophthalma
鞘翅目天牛科

体型一般中等大，头部触角基瘤突出；触角较体长，基部数节下缘有短缨毛，柄节较长，端疤发达完整，第三节长于柄节或第四节；每鞘翅基部中央各有一个眼形斑，中部外侧有1个咖啡色大形斑纹。国内分布于河南、浙江、江西、湖南、重庆、四川、福建、广西、广东等。

（龙志泳　拍摄）

1.4 苎麻双脊天牛

Paraglenea fortunei
鞘翅目天牛科

（杨立　拍摄）

黑色，被青绿色绒毛，并饰有黑色斑纹；前胸背板淡色，中区两侧各有1个圆形黑色斑；鞘翅斑纹变化较大，形成不同的花色斑，一般每个鞘翅有3个黑色大斑；翅端色淡。国内分布于河北、陕西、安徽、湖北、浙江、四川、云南和广东等地。

1.5 大绿异丽金龟

Anomala virens
鞘翅目丽金龟科

背面和臀板草绿色，具强金属光泽，有时前胸背板泛珠泽，鞘翅带强烈漆光；腹面和各足基节强烈金属绿色，腹部各节基缘泛蓝泽，胫跗节蓝黑，胫节带强烈金属绿色光泽。国内分布于陕西、山东、河南、湖北、江西、广东、海南、云南等地。

（杨立　拍摄）

(龙志泳 拍摄)

_1.6_ 斑衣蜡蝉 *Lycorma delicatula*
同翅目蜡蝉科

民间俗称"花姑娘""椿蹦""花蹦蹦""灰花蛾"等。属于不完全变态昆虫,不同龄期体色变化很大。成虫后翅基部红色,飞翔时可见。成虫、若虫均会跳跃,成虫飞行能力弱。在多种植物上取食活动,吸食植物汁液,最喜臭椿。斑衣蜡蝉是多种果树及经济林树木上的重要害虫之一,同时也是一种药用昆虫,虫体晒干后可入药,称为"樗鸡"。

两栖爬行动物

AMPHIBIANS AND REPTILES

(陈敏豪 拍摄)

.01. 斑腿泛树蛙 *Polypedates megacephalus*
无尾目树蛙科泛树蛙属

国家保护等级（三有）

国内广泛分布于秦岭以南各省份；国外分布于印度和越南。后河保护区内数量较少，活动于海拔2000米的丘陵和山区，常栖息在稻田、草丛或泥窝内，或在田埂石缝以及附近的灌木、草丛中。

02. 崇安湍蛙 *Amolops chunganensis*
无尾目蛙科湍蛙属

国内广泛分布于中部和南部；国外分布于越南。后河保护区内数量极大，主要栖息于海拔500～1800米靠近溪流的林缘，非繁殖期间分散栖息于林间，繁殖期进入流溪，此期成蛙大量群集于流溪内配对。蝌蚪用腹吸盘吸附在石头上，在急流中不会被冲走。

（陈敏豪　拍摄）

(陈敏豪 拍摄)

.03. 大树蛙 *Rhacophorus dennysi*
无尾目树蛙科树蛙属

国家保护等级（三有）

分布于中国、老挝、缅甸、越南。栖息于后河保护区海拔800米以下的树林里或附近的田边、灌木及草丛中，夏季暴雨后常见，偶见于海拔较高的林间。主要捕食金龟子、叩头虫、蟋蟀等多种昆虫及其他小动物。

04. 峨眉髭蟾 *Vibrissaphora boringii*
无尾目角蟾科髭蟾属

国家保护等级（三有）；IUCN（EN）

国内分布于贵州、四川、云南、重庆、湖南、广西、湖北。后河保护区内数量较少，栖息于海拔1700米以下的植被丰富水源充足的常绿阔叶林带，以昆虫为食。蝌蚪生活在水流较缓和石块较多的水域，以植物碎屑和水生昆虫为食。目前，峨眉髭蟾栖息地质量下降，其种群数量很少，应加强保护。

（龙志泳　拍摄）

(陈敏豪　拍摄)

05. 花臭蛙 *Odorrana schmackeri*
无尾目蛙科臭蛙属

国内广泛分布于南部各省份；国外分布于越南。栖息于后河保护区海拔200～1400米的大小溪流内，低海拔处种群数量较大。成蛙常蹲在溪边岩石上，头朝向溪内，体背斑纹似映在落叶上的阴影，与苔藓颜色相似。

06 华南湍蛙 *Amolops ricketti*
无尾目蛙科湍蛙属

国内广泛分布于南部；国外分布于越南。后河保护区内主要分布于海拔800米以下的溪流，一般生活于山溪急流中及瀑布下的水中，喜栖息于石块较多的湍急溪流。蝌蚪以藻类为食，栖息于急流中，吸附于石头上。

（龙志泳 拍摄）

(龙志泳 拍摄)

.07. 棘胸蛙 *Quasipaa spinosa*
无尾目叉舌蛙科棘胸蛙属

IUCN（VU）

国内广泛分布于南部各省份；国外分布于越南。又名棘蛙、石鳞、石蛤等。棘胸蛙属流水生活型蛙类，喜栖息于深山老林的山涧和溪沟的源流处，尤喜栖居在悬岩底的清水潭，或有水流动、清晰见底的山间溪流中。后河保护区内各海拔段均可见。因其肉质细腻且富含丰富的矿物质元素，所以被美食家称为"百蛙之王"。具有滋补强壮、赢瘦、病后虚弱等药效。因栖息地破坏和过度捕捞导致种群下降，处于易危状态。

08 绿臭蛙 *Odorrana margaratae*
无尾目蛙科臭蛙属

国内分布于甘肃、山西、四川、重庆、贵州、湖北、湖南、广西、广东；国外分布于越南。该种生活于海拔390~2500米的山区流溪内，后河保护区常见于海拔1000米以上景区内。喜栖息于石头甚多、水质清澈、流速湍急的溪流，多蹲在长有苔藓、蕨类等植物的巨石或崖壁上。

（龙志泳　拍摄）

（龙志泳 拍摄）

.09. 桑植角蟾　*Megophrys sangzhiensis*
无尾目角蟾科角蟾属

IUCN（CR）

中国特有种，以前调查仅发现于湖南桑植，为后河保护区新记录种。其在保护区内数量较大，分布于海拔1000米以上溪流林缘和草丛。

1.0 尾突角蟾 *Megophrys caudoprocta*
无尾目角蟾科角蟾属

IUCN（EN）

中国特有种，数量稀少，仅分布于湖北五峰和湖南桑植。费梁等调查发现其生活于海拔1600米山区，本次科考中发现该物种也栖息于后河保护区内百溪河海拔约500米的溪流边的林下。形似枯叶，较难发现，因此在后河保护区内数量未知，费梁等建议列为濒危（EN）。

（陈敏豪　拍摄）

(陈敏豪 拍摄)

1.1 泽陆蛙   *Fejervarya multistriata*
无尾目叉舌蛙科陆蛙属

泽陆蛙是中国南方的常见蛙类,分布广,从沿海平原、丘陵地区至海拔1700米左右的山区都能见到它的踪迹。白天和夜晚都能觅食,以凌晨前和黄昏后为觅食高潮。在后河保护区内主要分布于海拔500米以下的百溪河,常活动于路边水洼。

两栖爬行动物

1.2. 中华蟾蜍指名亚种 *Bufo gargarizans gargarizans*
无尾目蟾蜍科蟾蜍属

国内分布极广，除宁夏、新疆、西藏、青海、云南、海南外，其余各省份均有分布。生活在不同海拔的多种生境中。除冬眠和繁殖期在水中生活外，一般多在陆地草丛、林下、居民点周围或沟边、山坡的石下或土穴、石洞等潮湿地方栖息。后河保护区内各区域均有分布。

（陈敏豪　拍摄）

（龙志泳 拍摄）

1.3. 黑头剑蛇 *Sibynophis chinensis*
有鳞目游蛇科剑蛇属

国家保护等级（三有）

国内分布于广东、浙江、安徽、福建、湖南、海南、四川、贵州、云南、陕西、甘肃等地；国外分布于越南、老挝。该物种的模式产地为湖北宜昌。后河保护区海拔600米以下的林地均有分布，生活在山脚下靠溪流的地方，常见于石洞、灌丛和草丛下。

14. 福建竹叶青蛇 *Trimeresurus stejnegeri*
有鳞目蝰科竹叶青属

分布于中国、越南、缅甸、印度、泰国等国家。多于阴雨天活动，晴天的傍晚也可见到，常吊挂或缠在树枝上。后河保护区内多栖息于海拔1000米以上的地区，数量较大，常见于夜间道路边。以蛙、蜥蜴、鸟和小哺乳类等动物为食，具攻击性，有毒。繁殖为卵胎生，秋季发情交配。

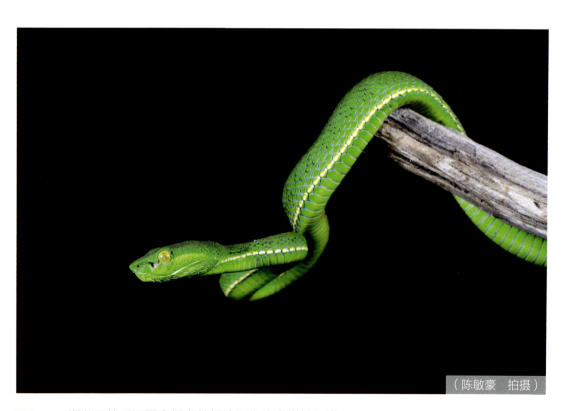

（陈敏豪　拍摄）

(龙志泳 拍摄)

15. 大眼斜鳞蛇 *Pseudoxenodon macrops*
有鳞目游蛇科斜鳞蛇属

国内广泛分布于南部、西南和西藏、陕西等各省份；国外分布于尼泊尔、缅甸、泰国、印度、越南。栖息于后河保护区海拔1000米以上较高的山区，常见于山溪边、路边、菜园地、石堆上。受惊时体前段昂起，呼呼出声，有时常在小石块上盘曲不动。常白天活动，主要吃蛙，卵生。

1.6. 黑脊蛇 *Achalinus spinalis*
有鳞目游蛇科脊蛇属

国家保护等级（三有）

国内分布于陕西、甘肃、云南、贵州、安徽、江苏、浙江、江西、湖南、福建、广西；国外分布于越南。后河保护区内常出现于海拔较高的山地，如香党坪。穴居，食蚯蚓，卵生。

（陈敏豪　拍摄）

(陈敏豪 拍摄)

1.7 菜花原矛头蝮 *Protobothrops jerdonii*
有鳞目蝰科原矛头蝮属

国内广泛分布于南部各省份和西藏、云南等地；国外分布于尼泊尔、印度（阿萨姆）、缅甸（北部）、越南（北部）。头较窄长、三角形、吻棱明显，上颌骨具管牙，为有颊窝的毒蛇。背面黑黄间杂。后河保护区内多栖息于海拔较高的山区，如香党坪。常栖于荒草坪、耕地内、路边草丛中、乱石堆中或灌木下以及溪沟附近草丛中或干树枝上。

两栖爬行动物

1.8 颈槽蛇 *Rhabdophis nuchalis*
有鳞目游蛇科颈槽蛇属

国内分布于湖北、广西、四川、贵州、陕西、甘肃等地。常栖息于海拔1000米以上的山区以及路边、草丛、石堆、耕作地或水域附近。其生存的海拔范围为620～1860米。该物种的模式产地在湖北宜昌。

（龙志泳　拍摄）

(陈敏豪 拍摄)

19. 翠青蛇 *Cyclophiops major*
有鳞目游蛇科翠青蛇属

分布于中国、越南和老挝。多活动在耕作区的地面或树上，其活动海拔高度为200～1700米。翠青蛇性格极其温顺，通常不会主动进行攻击。夜伏昼出，主要于白天活动，夜晚则在树上睡觉；平时行动缓慢，但遇到惊吓时会迅速躲避逃跑，主要捕食蚯蚓及昆虫。后河保护区内各海拔段均有分布。

20. 赤链蛇 *Dinodon rufozonatum*
有鳞目游蛇科链蛇属

国家保护等级（三有）

分布于中国、朝鲜和日本。栖息于后河保护区海拔1900米以下的丘陵、平原、近农村宅邸，也常见于田野、竹林、村舍及水域附近。以树洞、坟洞、地洞或石堆、瓦片下为窝，野外废弃的土窑及附近多有发现。以蛙类、蜥蜴及鱼类为食。性较凶猛，无毒。多在傍晚出来活动，属夜行性蛇类。

（陈敏豪　拍摄）

(陈敏豪 拍摄)

2.1 绞花林蛇 *Boiga kraeoelini*
有鳞目游蛇科林蛇属

国家保护等级（三有）

国内主要分布于南部各省份；国外分布于越南。一般栖息于山区或丘陵以及溪沟旁灌木上或茶山矮树上。栖息于后河保护区内海拔300～1100米的地方。营树栖生活。食小型鸟类、鸟卵、蜥蜴类。卵生。模式产地在台湾基隆。

22. 乌梢蛇 *Ptyas dhumnades*
有鳞目游蛇科鼠蛇属

IUCN（VU）

国内主要分布于南方各省份。俗名甚多，又称乌蛇、乌花蛇、乌风蛇、断草乌、剑脊蛇等。生活在丘陵地带，以蛙类、蜥蜴、鱼类、鼠类等为食。主要出现在后河保护区内百溪河低海拔地段。可入药，具有祛风湿、通经络、止痉的功效。模式产地在浙江舟山群岛。

（陈敏豪 拍摄）

(龙志泳 拍摄)

.23. 黑眉晨蛇 *Elaphe taeniura*
有鳞目游蛇科晨蛇属

国家保护等级（三有）

国内广布；国外分布于朝鲜、越南、马来半岛北部、老挝、缅甸、印度、日本。一般生活于平原丘陵、山区、房屋及其附近。栖息于后河保护区内海拔2000米以下各区域。日行性蛇类，但在夜晚也会出来活动。性情温和，以老鼠、小型鸟类及蜥蜴为主食。后河保护区内数量较少，需加强保护。模式产地在我国浙江宁波和泰国。

24. 平鳞钝头蛇 *Pareas boulengeri*
有鳞目钝头蛇科钝头蛇属

国家保护等级（三有）

国内分布于南部各省份。俗名黄狗蛇、钝头蛇。生活于山区，食蛞蝓、蜗牛。由于食害虫（蜗牛、蛞蝓），对农林业有益。后河保护区内常出现于雨后夜晚道路上，分布于海拔1000多米的区域。该物种的模式产地在贵州。

（龙志泳　拍摄）

（陈敏豪　拍摄）

.25. 锈链腹链蛇　*Amphiesma craspedogaster*
有鳞目游蛇科腹链蛇属

国家保护等级（三有）

国内主要分布于山西、江苏、浙江、安徽、福建、江西、河南、湖北、湖南、广西、四川、贵州、陕西、甘肃等。主食蛙类、蝌蚪等。无毒。主要分布于后河保护区内海拔1700米以下的山间溪流边灌丛或潮湿带苔藓的石缝。种群无危。

两栖爬行动物

26 玉斑丽蛇

Elaphe mandarina (Cantor, 1842)
有鳞目游蛇科丽蛇属

国家保护等级（三有）

国内广布于华北、华东、华南地区；国外分布于缅甸、越南。别名美女蛇。多见于山区森林，常栖息于山区居民点附近的水沟边或山上草丛中。其生存的海拔上限为3000米。后河保护区内各个海拔范围内均有分布。模式产地在浙江舟山群岛。

（龙志泳　拍摄）

(姜中文 拍摄)

27 紫灰山隐蛇 *Oreocryptophis porphyraceus*
有鳞目游蛇科山隐蛇属

国内主要分布于南方各省份；国外分布于印度、缅甸、泰国、马来西亚、印度尼西亚。多生活于山区森林、山路旁、玉米地以及山间溪旁和山区居民点附近。性情害羞温和。栖息于低海拔山区、农地。卵生。以鼠类为食。后河保护区内发现于百溪河。模式产地位于印度阿萨姆。

28. 北草蜥 *Takydromus septentrionalis*
有鳞目蜥蜴科草蜥属

国家保护等级（三有）

国内广布。后河保护区内除海拔1500米以上区域少见外，其他各海拔段均有分布，生活在山坡、山脚、道路两旁及杂草茂密的林边。主要以昆虫为食，捕食蝗虫、各类蝶蛾及多种昆虫的幼虫，对虫害防治有益，其本身作为多种食肉鸟、兽的食物，在维持生态平衡方面也起到一定作用。整蜥干制可入药，有解毒、镇静的功效。

（龙志泳　拍摄）

(陈敏豪 拍摄)

29. 丽纹龙蜥   *Diploderma splendidum*
有鳞目鬣蜥科龙蜥属

国家保护等级（三有）

中国特有种。原名丽纹攀蜥，近期分类厘定后应改称为丽纹龙蜥，主要分布于我国长江流域地区，如云南、四川、重庆及湖北。数量较少，主要分布于后河保护区海拔1500米以下的树林，栖息于林缘灌丛间或碎石堆旁，树栖性较强。作为宠物市场上最常见的国产蜥蜴物种，加之没有任何批量人工繁殖，丽纹龙蜥野生种群正面临着极大的非法采集压力。目前评估等级为无危，但后河保护区内应加强保护。

30. 铜蜓蜥 *Sphenomorphus indicus*
蜥蜴目石龙子科蜓蜥属

国内分布于台湾、香港等南方大部分省份；国外分布于印度、锡金、缅甸、泰国。以昆虫及小型无脊椎动物为食，尾巴极易自割。主要生活于海拔2000米以下的低海拔地区、平原及山地阴湿草丛中以及荒石堆或有裂缝的石壁处，其生存的海拔上限为2000米。主要分布在后河保护区内百溪河低海拔区域，数量较大。模式产地在锡金喜马拉雅山。

（姜中文 拍摄）

鸟 类
BIRDS

01. 红腹角雉 *Tragopan temminckii*
鸡形目雉科

国家保护等级（二级）

单个或家族栖于亚高山林的林下。夜栖枝头。雄鸟炫耀时膨胀喉垂并竖起蓝色肉质角，喉垂完全膨起时有蓝红色图案。国内分布于西南及中南部分地区的针阔混交林内。在后河保护区，主要分布于渍泥巴溃和香党坪等区域。

（红外相机拍摄）

（聂才爱　拍摄）

.02. 勺鸡 *Pucrasia macrolopha*
鸡形目雉科

国家保护等级（二级）；CITES（附录Ⅲ）

雄鸟炫耀时羽冠竖起。常单独或成对活动，叫声响亮、粗犷。栖息于湿润的阔叶林、针阔混交林和针叶林中。国内广布于辽宁省以南至西藏东南部的中部地区。在后河保护区，主要分布于顶坪和香党坪等区域。

鸟　类

03. 红腹锦鸡 *Chrysolophus pictus*
鸡形目雉科

国家保护等级（二级）

中国特有种。单独或成小群活动，喜栖息于矮树的山坡及次生的亚热带阔叶林及落叶阔叶林。国内分布于中部山地，包括陕西、甘肃、四川、河南、湖北、山西等省份。在后河保护区主要分布于茅坪、后河一带。

（朱晓琴 拍摄）

（朱晓琴 拍摄） （张国锋 拍摄）

(聂才爱 拍摄)

04. 灰胸竹鸡 *Bambusicola thoracicus*
鸡形目雉科

中国特有种。主要栖息于山区、平原、灌丛、竹林以及草丛。以家庭群栖居。飞行笨拙、径直。国内分布在长江流域以南，北达陕西南部，西至四川盆地西缘，东达福建。在后河保护区，主要分布于茅坪、后河一带。

05. 中华秋沙鸭 *Mergus squamatus*
雁形目鸭科

国家保护等级（一级）；IUCN（EN）

主要栖息于阔叶林或针阔混交林的溪流、河谷、草甸、水塘以及草地，喜欢清澈水道，多潜入水下以鱼类为食，因此成为湿地环境指示物种。种群受到的威胁包括筑坝、砍伐森林、非法狩猎和捕鱼。繁殖于中国东北部，过境经中国东部和中部，越冬于中国中部和南部的黄河、长江以及珠江流域。在后河保护区，主要分布于百溪河、后河等河流区域。

（张国锋　拍摄）

（张国锋　拍摄）　　（王永超　拍摄）

(朱晓琴 拍摄)

.06. 鸳鸯 *Aix galericulata*
雁形目鸭科

国家保护等级（二级）

繁殖期栖息于多林地的河流、湖泊、沼泽和水库中，于高大的阔叶树的树洞中营巢。非繁殖期成群活动于清澈河流与湖泊水域。繁殖于中国东北、华北、华中、华东和西南，越冬于长江及其以南流域。在后河保护区，主要分布于百溪河一带。

07 灰头麦鸡 *Vanellus cinereus*
鸻形目鸻科

栖息于近水的开阔地带及河滩、沼泽稻田。繁殖于中国东北各省份至江苏和福建，迁徙经华东及华中，越冬于云南及广东。在后河保护区，主要分布于老屋场、百溪河一带。

（朱晓琴 拍摄）

(张国锋 拍摄）

08. 扇尾沙锥　*Gallinago gallinago*
鸻形目鹬科

迁徙和越冬期间栖于沼泽地带与稻田，通常隐蔽在高大的芦苇草丛中，被赶时跳出并作"锯齿形"飞行，边飞边发出警叫声。在繁殖地见于有林木灌丛的湿润草地。繁殖于中国东北及西北的天山地区，迁徙时常见于中国大部地区。在后河保护区，主要分布于百溪河一带。

09. 金雕 *Aquila chrysaetos*
鹰形目鹰科

国家保护等级（一级）；CITES（附录Ⅱ）

主要栖息于高山森林、草原、荒漠、山区地带，冬季可能游荡到浅山及丘陵生境，常借助热气流在高空展翅盘旋，翅膀上举呈深"V"字形。幼鸟冬季有南迁的行为。主要以中至大型哺乳动物和鸟类为食。国内分布于东北、西北、华北和西南地区，冬季偶见于华东和华南地区。在后河保护区，主要分布于百溪河、老屋场等区域。

（张国锋 拍摄）

（朱晓琴 拍摄）

（朱晓琴　拍摄）

（向明贵　拍摄）

10 凤头鹰　*Accipiter trivirgatus*
鹰形目鹰科

国家保护等级（二级）；CITES（附录Ⅱ）

栖息于中低海拔的山地森林和林缘地带。多单独活动，常长时间翱翔于天空，主要以两栖爬行动物、小型哺乳动物和鸟类为食。国内分布于西南、华南、海南岛和台湾岛。在后河保护区，主要分布于茅坪、百溪河等区域。

鸟　类

1.1 赤腹鹰 *Accipiter soloensis*
鹰形目鹰科

国家保护等级（二级）；CITES（附录Ⅱ）

偏好开阔森林环境。以蛙类、昆虫、蜥蜴等为食，也会捕抓小型鸟类。国内广泛分布于南方，在华南、海南岛有越冬或为留鸟。在后河保护区，主要分布于茅坪、香党坪等区域。

（王永超　拍摄）

（聂才爱　拍摄）

1.2. 黑鸢　*Milvus migrans*
鹰形目鹰科

国家保护等级（二级）；CITES（附录Ⅱ）

常利用上升的热气流在高空盘旋。常见于城郊、河流附近、沿海地区。主要捕食小动物，也食腐肉，有时还会成群聚集在垃圾周围找寻食物。国内广布。在后河保护区广泛分布。

1.3 普通鵟 *Buteo japonicus*
鹰形目鹰科

国家保护等级（二级）；CITES（附录Ⅱ）

在开阔的城郊田地中飞翔，或立于开阔稀疏的乔木或电线杆上。主要取食鼠类，也捕捉一些小鸟、青蛙等为食，还可以寻食腐肉。繁殖于中国东北地区，迁徙时中国东部大部分地区都可见到，在长江中下游地区越冬。在后河保护区，主要分布于香党坪一带。

（王永超 拍摄）

（朱晓琴 拍摄）

(张国锋 拍摄)

14. 雕鸮 *Bubo bubo*
鸮形目鸱鸮科

国家保护等级（二级）；CITES（附录Ⅱ）

栖息于山地森林、平原、荒野、灌丛、疏林以及裸露的高山和峭壁等各类生境中。国内分布于多数省份，虽分布广泛，但普遍稀少。在后河保护区广泛分布。

鸟类 123

15. 灰林鸮 *Strix aluco*
鸮形目鸱鸮科

国家保护等级（二级）；CITES（附录Ⅱ）

生活于低山至中山的各类林地中，有时还在城市绿地活动。夜行性，白天通常在隐蔽的地方休息，晚上外出捕食，在树洞营巢。常见于中国西藏南部和东南部以及华南和华中大部地区。在后河保护区常见于茅坪一带。

（张国锋　拍摄）

（朱晓琴　拍摄）

(朱晓琴 拍摄)

1.6 领鸺鹠 *Glaucidium brodiei*
鸮形目鸱鸮科

国家保护等级（二级）；CITES（附录Ⅱ）

栖息于山地森林和林缘灌丛地带。夜行性，昼夜栖于高树上，飞行时振翼极快。繁殖季节白天也外出捕食。国内常见于西藏东南部、华中、华东、西南、华南、东南（含台湾岛）以及海南岛。在后河保护区的窑湾一带出现。

1.7 斑头鸺鹠 *Glaucidium cuculoides*
鸮形目鸱鸮科

国家保护等级（二级）；CITES（附录Ⅱ）

栖息于原始林及次生林中，也见于庭园和农田间的小片树林中。主要为夜行性，有时白天也活动，多在夜间和清晨发出叫声。国内分布于西藏东南部及云南、华中、华南、东南以及海南岛。在后河保护区广泛分布。

（聂才爱 拍摄）

(朱晓琴 拍摄)

1.8. 冠鱼狗 *Megaceryle lugubris*
佛法僧目翠鸟科

栖息于流速快而多卵砾石的清澈河溪周围。国内分布于西藏南部及西南各省份至除东北北部以外的整个东部地区，包括海南岛。在后河保护区，主要分布于百溪河一带。

19. 普通翠鸟 *Alcedo atthis*
佛法僧目翠鸟科

栖息于淡水湖泊、溪流、运河、鱼塘、稻田等各种水域周围。行动敏捷而富有耐心,以鱼为食。翠鸟对生态环境要求比较高,是一种环境指示物种。国内广布。在后河保护区,主要分布于百溪河一带。

(向明贵 拍摄)

(张国锋 拍摄)

20. 池鹭 *Ardeola bacchus*
鹳形目鹭科

大多栖息于池塘、稻田、沼泽等处。繁殖时与其他鹭类常混群在树上营巢。冬季见于中国长江流域及其以南地区，夏季分布区向北扩展至西北、华北及东北西南部。在后河保护区，主要分布于百溪河一带。

2.1 戴胜 *Upupa epops*
犀鸟目戴胜科

喜开阔和基质松软的地面，边走边用长长的嘴在地面翻动寻找食物。有警情时冠羽立起，起飞后冠羽倒伏。国内广布，高可至海拔3000米。在云南、广西等地为留鸟，在其余分布区为候鸟。在后河保护区的茅坪及后河等区域常见。

（向明喜　拍摄）

（向明贵 拍摄）

.22. 红翅绿鸠 *Treron sieboldii*
鸽形目鸠鸽科

国家保护等级（二级）

栖息于原生常绿林和天然次生林中，群栖于果树。飞行极快。国内分布于陕西南部秦岭及四川东部、江苏、福建、广东、广西、台湾岛及海南岛。在后河保护区，出现于沙田湾。

23. 灰头绿啄木鸟 *Picus canus*
啄木鸟目啄木鸟科

常活动于小片林地及林缘。春季常发出连续且响亮的叫声，有时下至地面寻食蚂蚁。国内广布。在后河保护区的茅坪、后河等区域常见。

（向明贵　拍摄）

(向明喜 拍摄)

24. 金腰燕 *Cecropis daurica*
雀形目燕科

栖息于低山丘陵和平原地区的村庄、城镇等居民区。飞行却不如家燕迅速，常常停翔在高空，鸣声较家燕稍响亮。结小群活动，飞行时振翼较缓慢且比其他燕更喜高空翱翔。国内大部分地区可见。在后河保护区，主要分布于百溪河一带。

25. 蓝喉太阳鸟 *Aethopyga gouldiae*
雀形目花蜜鸟科

春季常与其他鸟类混群取食于杜鹃灌丛，夏季活动于悬钩子等浆果灌丛，冬季下迁。国内分布于西南地区，常见于海拔1200~4300米的山地常绿林中。在后河保护区，出现于小山区域。

雄性（朱晓琴 供图）

雄性(张国锋 供图)

26. 长尾山椒鸟 *Pericrocotus ethologus*
雀形目山椒鸟科

见于阔叶林、针阔混交林,甚至针叶林、林缘灌丛、平原疏林等多种生境。尤其喜欢栖息在疏林草坡乔木树顶上。国内分布于西南各省份,向北至陕西、山西、河北等省份。在后河保护区,发现于南山一带。

27. 寿带 *Terpsiphone incei*
雀形目王鹟科

单独或成对栖息于低山、丘陵以及平原地带,活动于天然林、次生阔叶林和竹林中,觅食于树林的中下层。国内分布于东北南部至云南西部一线以东的适宜生境。在后河保护区发现于南山一带。

(张国锋 拍摄)

(聂才爱 拍摄)

28. 方尾鹟 *Culicicapa ceylonensis*
雀形目玉鹟科

栖息于中低海拔的山地森林中,也见于林缘、公园和苗圃,常单独或成小群活动。国内分布于华中和西南地区。在后河保护区,发现于界头一带。

29. 铜蓝鹟 *Eumyias thalassinus*
雀形目鹟科

单独或成对活动于中高海拔山地的阔叶林、针阔混交林和针叶林边缘，喜林地中的开阔地带。性大胆，频繁地飞到空中捕食飞行性昆虫。国内见于南方多数地区。在后河保护区，发现于纸厂河一带。

（王永超 拍摄）

(向明贵 拍摄)

30. 栗腹矶鸫 *Monticola rufiventris*
雀形目鹟科

常见留鸟。常见于中海拔山地的常绿阔叶林、次生林及林缘，也见于公园、苗圃和果园、村落等有林地带，越冬于低海拔地带和平原。国内分布于华中、西南、东南及华南大部分地区。在后河保护区，主要分布于茅坪一带。

3.1 红尾水鸲 *Rhyacornis fuliginosa*
雀形目鹟科

栖息于山区和平原的溪流、水沟和小河边,停栖时尾常摆动。国内分布于西藏南部及西南、华中、华东、华南和东南,北至青海、华北,南至海南岛,也见于台湾岛。在后河保护区,常见于百溪河一带。

雌性(向明贵 供图)

雄性(向明贵 供图)

(向明贵 拍摄)

32. 白领凤鹛　　*Culicicapa ceylonensis*
雀形目绣眼鸟科

常见于低山常绿阔叶林至高山草甸灌丛的多种生境，多成小群活动，冬季下至平原越冬，是中国最为常见且分布范围最广的凤鹛，声喧闹而不惧人。国内分布于广东、湖北（西部）、贵州、重庆、陕西、甘肃（南部）、四川以及云南。在后河保护区广泛分布，尤其是乡党坪一带。

33. 白腰文鸟 *Lonchura striata*
雀形目梅花雀科

常见于低海拔山地的林缘、次生灌丛、农田及花园。性喧闹吵嚷，结小群生活。国内分布于南方大部分地区，包括台湾岛。在后河保护区，主要分布于百溪河一带。

（向明喜 拍摄）

（张国锋 拍摄）

34. 领雀嘴鹎 *Spizixos semitorques*
雀形目鹎科

常栖息于次生植被及灌丛。结小群停栖于电话线或竹林，冬季常集大群活动。飞行中捕捉昆虫。国内常见于华中、华南、西南、东南和东部地区。在后河保护区，常见于后河、茅坪等区域。

35. 黄臀鹎 *Pycnonotus xanthorrhous*
雀形目鹎科

栖息于中低山的各种林地、农田、灌丛中。国内分布于西南、华中、东南,北至甘肃南部。在后河保护区,常见于后河、茅坪等区域。

(朱晓琴 拍摄)

(向明贵 拍摄)

36. 红尾伯劳 *Lanius schach*
雀形目伯劳科

栖息于中低山的次生林、林缘以及开阔田野上,对人工生境有较强的适应性,也常见于公园、农田、苗圃和草坪。性情凶猛,以昆虫、小鸟、小型两栖爬行动物为食。国内见于黄河流域以南各省份,包括台湾岛和海南岛。在后河保护区广泛分布。

37 斑胸钩嘴鹛 *Erythrogenys gravivox*
雀形目林鹛科

常见留鸟。栖息于灌丛、棘丛及林缘地带。国内分布于西南、华中及青海、甘肃、陕西、山西、河南和广西。在后河保护区,常见于风凉冲一带。

(朱晓琴 拍摄)

(王永超 拍摄)

38. 画眉 *Garrulax canorus*
雀形目噪鹛科

国家保护等级（二级）；CITES（附录Ⅱ）

栖息于南方低海拔森林中，性隐匿而擅鸣唱，是中国面临捕捉压力最大的鸟类之一。国内广布于长江流域及以南的华中、西南、华南和东南包括海南岛，台湾岛有逃逸种群。在后河保护区，常见于后河、茅坪等区域。

39. 矛纹草鹛 *Babax lanceolatus*
雀形目噪鹛科

栖息于开阔的山区森林及丘陵森林的灌丛、棘丛及林下植被。结小群于地面活动和取食。性活泼且嘈杂,取食于植被中下层。国内分布于青藏高原东南部、长江流域中上游及以南区域。在后河保护区,常见于界头、茅坪以及后河等区域。

(向明贵 拍摄)

(黄德枚 拍摄)

40. 眼纹噪鹛
Garrulax ocellatus
雀形目噪鹛科

国家保护等级（二级）

多成对或集小群活动于中高海拔的落叶阔叶林、针阔混交林及针叶林中。地栖性，性隐蔽而不易被发现。国内分布于西藏南部，云南西部和东北部，甘肃南部，四川中部、西部和南部，重庆南部和东部，湖北西部以及广西东北部。在后河保护区，见于小山一带。

4.1 红嘴相思鸟

Leiothrix lutea
雀形目噪鹛科

国家保护等级（二级）；CITES（附录Ⅱ）

栖息于低海拔至高海拔的山区常绿阔叶林、针阔混交林、竹林和林缘中，为中国分布范围最广的鹛类。因其艳丽的体羽，也是南方主要的笼养鸟类，遭受巨大的捕捉压力。国内见于北至秦岭和河南大别山，东至沿海，西至西藏南部以南的各省份，但不包括台湾岛和海南岛。在后河保护区，常见于南山、水滩头以及后河等区域。

（张国锋　拍摄）

(向明贵 拍摄)

42. 橙翅噪鹛 *Trochalopteron elliotii*
雀形目噪鹛科

国家保护等级（二级）

中国特有种。常见成对或集小群活动于中高海拔山地的林缘灌丛、竹林和近林开阔地。性活泼而声喧闹，不甚怕人，常见且易发现。国内分布于青海、甘肃、陕西、湖北、四川、贵州、云南和西藏等地。在后河保护区广泛分布，尤其常见于香党坪一带。

43. 冠纹柳莺 *Phylloscopus claudiae*
雀形目柳莺科

主要栖息在海拔3500米以下的山地阔叶林、针阔混交林、针叶林和林缘灌丛中，多活动在树冠层。繁殖于中国华北至山西及陕西、甘肃、四川、湖北等省份，迁徙时经过中东部大部分地区。在后河保护区，常见于南山一带。

（朱晓琴 拍摄）

(张国锋 拍摄)

44. 银脸长尾山雀 *Aegithalos fuliginosus*
雀形目长尾山雀科

中国特有种。栖息于海拔1000米以上的高山森林中。筑巢于树枝间。主食昆虫，包括危害森林的落叶松鞘蛾、天蛾和尺蠖。仅分布在中国中部的狭小地区，包括湖北、陕西、甘肃、四川。在后河保护区，见于香党坪一带。

45. 红头长尾山雀 *Aegithalos concinnus*
雀形目长尾山雀科

栖息于海拔400~3200米的山地森林和灌木林间。国内分布于西藏及西南、华中、华南、东南（含台湾岛）。在后河保护区，常见于茅坪、后河一带。

（张国锋 拍摄）

（朱晓琴 拍摄）

(张国锋 拍摄)

46. 酒红朱雀 *Carpodacus vinaceus*
雀形目燕雀科

栖息于针阔混交林、阔叶林和白桦、山杨林中。营巢于灌木密枝上,由禾本科植物的茎和根等编成。繁殖于中国甘肃、陕西、湖北、四川、贵州、云南、西藏等地,向南迁徙时几乎遍布全国各地。在后河保护区,常见于香党坪一带。

4.7 棕头鸦雀 *Sinosuthora webbiana*
雀形目莺鹛科

常见于低海拔至中海拔山地的常绿阔叶林的底层，也见于林缘、灌草丛、苗圃、荒地等多种生境，是分布区最广的鸦雀。国内分布于东北、华北、华中、华东、华南以及西南部分地区，台湾岛也有分布。在后河保护区，常见于茅坪、后河一带。

（张国锋 拍摄）

(朱晓琴 拍摄)

48. 黄喉鹀 *Emberiza elegans*
雀形目鹀科

甚常见留鸟。栖息于丘陵、山脊的干燥落叶林和混交林中，越冬在森林及次生灌丛中，常成对或单独活动。国内分布于中部至西南，繁殖于东北，越冬于东南地区和台湾岛。在后河保护区常见于界头一带。

哺乳动物
MAMMALS

(红外相机 拍摄)

01. 猕猴 *Macaca mulatta*
灵长目猴科

国家保护等级（二级）；CITES（附录Ⅱ）

国内分布于从青藏高原东部山地到东海岸、海南岛，最北到北京东部。主要栖息于森林、林地、海岸灌丛以及有灌丛和树木的岩石地区。群居，以树叶、嫩枝、野菜等为食，也捕食其他小动物。相互之间联系时会发出各种声音或手势，互相之间梳毛也是一项重要社交活动。大多白天在地面活动，夜晚到树上去睡觉。主要用四肢一起行走，但也能用后腿走路或奔跑，尤其是当手中拿着东西或食物时。乱捕滥猎是猕猴濒危的主要因素。在后河保护区，分布于帅家坪、泉河、杨家台等地。

02. 黑熊 *Ursus thibetanus*
食肉目熊科

国家保护等级（二级）；IUCN（VU）；CITES（附录Ⅰ）

国内主要分布于东北、华中与西南。华东、华南地区的黑熊种群已呈高度破碎化零星分布。黑熊是典型的林栖动物，栖息于栎树林、阔叶林和混交林。杂食性动物，食性可随季节和食物资源的不同有很大变化。具极佳爬树能力，冬季食物资源匮乏时，雌雄个体均会寻找岩洞、岩缝或树洞进行冬眠，但成年雄性个体也可整个冬天保持活动状态。黑熊曾经是人类偷猎的主要对象之一，以获取熊肉、熊掌用于非法野味贸易。在后河保护区，分布于百溪河、南山、顶坪、栗子坪、六里溪、王家湾等地。

（红外相机　拍摄）

(红外相机 拍摄)

(朱晓琴 拍摄)

03. 豹猫 *Prionailiurus bengalensis*
食肉目猫科

国家保护等级（二级）；CITES（附录Ⅱ）

国内广布，见于除北部和西部的干旱区与高原区域以外的绝大部分省份。具有很强的适应能力，栖息于多种生境类型，从东南亚的热带雨林到黑龙江地区的针叶林。也生活在灌丛林，但不在草地和干草原生活。豹猫是机敏的捕食高手，捕食多种小脊椎动物。主要在夜间及晨昏活动，营独居，偶尔可见母兽带幼崽集体活动。在后河保护区，分布于百溪河、沙田湾、王家湾、六里溪等地。

04. 果子狸 *Paguma larvata*
食肉目灵猫科

CITES（附录Ⅲ）

亦称花面狸。国内广布于南部、东部、中部。见于多种森林栖息地，从原始常绿林到落叶次生林，也见于农业区。分布区可覆盖从海平面到海拔3000米以上的范围。果子狸是杂食性动物，食谱包括乔木果实、灌木浆果、植物根茎、鸟类、啮齿类和昆虫等。具有灵活的爬树能力。夜行性动物，营独居，也常见到2～5只个体集群活动。在后河保护区，分布于百溪河、南山、顶坪、栗子坪、六里溪、王家湾等地。

（红外相机　拍摄）

（红外相机 拍摄）

05. 猪獾 *Arctonyx collaris*
食肉目鼬科

国内广布于西南部、中部和东部。主要栖息于森林区，从低地丛林至海拔3500米的高地林地。猪獾是杂食性动物，喜欢穴居，具强壮有力的四肢和长爪，善于挖掘，在白天、夜晚较为活跃，有冬眠习性。在后河保护区，分布于百溪河、沙田湾、王家湾、六里溪等地。

06 黄喉貂 *Martes flavigula*
食肉目鼬科

国家保护等级（二级）；CITES（附录Ⅲ）

国内广布于西南部、南部和东部。分布于海拔200～3000米的针叶林和潮湿落叶林中。较为严格的日行性动物，行动迅速、敏捷，常见跳跃式前行，是高效率的捕食者。食性较杂，具有出色的爬树能力，攻击能力强，不甚惧人。在后河保护区，分布于黄粮坪、独岭、乡党坪、羊子溪等地。

（红外相机 拍摄）

(红外相机 拍摄)

07 鼬獾 *Melogale moschata*
食肉目鼬科

国内分布于中部和南部的中低海拔区域。栖息于亚热带森林、灌丛、草地和接近人类的农业区等多种生境。夜行性,穴居,行动较迟钝。杂食性,季节性活动变化较明显,每年繁殖1次,每胎产2~4仔。在后河保护区,分布于百溪河、沙田湾、王家湾、六里溪等地。

08. 林麝 *Moschus berezovskii*
鲸偶蹄目麝科

国家保护等级（一级）；IUCN（EN）；CITES（附录Ⅱ）

国内广布于中部和南部。活动分布的海拔跨度较大，从低地丘陵至海拔3800米的高山针叶林和灌丛地带均可见。通常独居或成对活动，性情害羞且机警灵敏，白天休息，早晨和黄昏才出来活动。借助其强壮的后肢，跳跃能力极佳，能从平地跳起2米以上。受惊后通常快速跳跃逃离，并在逃跑的过程中不断变换其跳跃的前进方向。林麝的蹄狭长而尖，悬蹄发达，因而可以借助其张开的悬蹄和极佳的跳跃能力，攀爬到灌木或树木较低的枝丫上取食或逃避敌害。雄性林麝腹部下方具1个大型腺体，能分泌并存储麝香，麝香被广泛应用于香水产业与中医药。成年林麝拥有固定的家域和活动路径，雄性会用其粪便和麝香腺分泌物标记领地。利用此特性，偷猎者往往在其固定路径上设置猎套进行捕捉。林麝是神经较为紧张、应激反应强烈的动物，一旦陷入猎套，高度的应激反应会使它们身体的生理功能快速衰竭，导致死亡。在过去半个世纪内，林麝种群数量出现严重下降，甚至出现局域性灭绝。在后河保护区，分布于水滩头、六里溪、杨家河、王家湾、灰沙溪等地。

（红外相机 拍摄）

(红外相机 拍摄)

09. 毛冠鹿 *Elaphodus cephalophus*
鲸偶蹄目鹿科

国家保护等级（二级）；IUCN（NT）

国内广布于南部。栖息于山地森林环境，活动海拔范围很广，可上至海拔4000米。其栖息地类型多样，包括天然的森林、灌木和各种次生植被及部分人工林。毛冠鹿以日行性为主，通常独居，偶尔可见成对活动。其食性较广，包括各类草本植物、树叶、竹子和菌类，会在不同季节进行沿海拔梯度的垂直迁移。在后河保护区，分布于百溪河、南山、顶坪、栗子坪、六里溪、王家湾等地。

1.0. 小麂 *Muntiacus reevesi*
鲸偶蹄目鹿科

中国特有种。国内分布于中部、南部和东南部。栖息于灌丛覆盖的岩石地段和较开阔的松、栎林地或森林边缘的灌丛、杂草丛中。性很怯懦，且孤僻，营独居生活，很少结群，其活动范围小，经常游荡于其栖处附近，常出没在森林四周或粗长的草丛周围，很少远离其栖息地。较为胆小，听觉敏锐，略有微小声音即足以惊动它，使敌害难以接近。受惊时，猛撞进高草丛或繁茂的森林中，能巧妙地隐蔽自己而得到保护。同时，具有较强的好奇心，在逃离出一定距离后会停下，并回头仔细观察。在后河保护区，分布于百溪河、南山、顶坪、栗子坪、六里溪、王家湾等地。

（红外相机 拍摄）

(红外相机 拍摄)

1.1 野猪 *Sus scrofa*
鲸偶蹄目猪科

国内除干旱荒漠和高原区外，广泛分布。野猪对环境适应性极强。栖息环境跨越温带与热带，从半干旱气候至热带雨林、温带林地、半沙漠和草原都有分布。杂食性，是植物种子的主要传播者。通常群居，但社会结构松散，独居个体、母幼群或混合群都有，具有较强的繁殖力，窝仔数通常5~10只，成年雌性每年可繁殖2窝。在后河保护区全域都有分布。

哺乳动物

1.2. 中华斑羚 *Naemorhedus griseus*
鲸偶蹄目牛科

国家保护等级（二级）；IUCN（VU）；CITES（附录Ⅰ）

国内分布于北部、中部、南部和东部。栖息于高海拔陡峭及多岩石的山区，分布范围海拔跨度较大，在海拔1000～4400米都有分布。可独居活动、成对活动或结小群活动，年老雄性通常独居。以草、灌木枝叶、坚果和水果为食。它们在山地中行动敏捷，动作灵活。常在密林间的陡峭崖坡出没，并在崖石旁、岩洞或丛竹间的小道上隐蔽。在后河保护区分布于界头、顶坪、纸厂河等地。

（红外相机 拍摄）

（红外相机 拍摄）

1.3 中华鬣羚 *Capricornis milneedwardsii*
鲸偶蹄目牛科

国家保护等级（二级）；IUCN（VU）；CITES（附录Ⅰ）

国内广布于中部和南部。栖息于崎岖陡峭多岩石的丘陵地区。主要活动于海拔1000～4400米的针阔混交林、针叶林或多岩石的杂灌林。通常冬天在森林带，夏天转移到高海拔的峭壁区。单独或成小群生活，多在早晨和黄昏活动，行动敏捷，在乱石间可迅速奔跑，拥有比较固定的家域。在后河保护区，分布于六里溪、栗子坪、纸厂河、王家湾等地。

14. 皮氏菊头蝠 *Rhinolophus pearsoni* 翼手目菊头蝠科

国内分布于南部。分布海拔范围很宽，从海拔600～3000米都有分布。栖息于潮湿岩洞或人工洞。可数只或十余只集群，有冬眠习性。捕捉昆虫为食。在后河保护区，分布于张家台、枯岩尖等地。

（红外相机 拍摄）

(聂才爱 拍摄)

15. 红白鼯鼠 *Petaurista alborufus*
啮齿目松鼠科

中国特有种。国内广布于中部和南部。栖息于海拔1000～3000米的亚热带常绿阔叶林、针阔混交林及暗针叶林中,通常营巢于高大的树冠或树洞,滑翔能力强。主要取食植物的嫩枝、叶、果实等,也吃昆虫及鸟卵等。在后河保护区,分布于沙田湾、纸厂河、六里溪等地。

1.6. 中国豪猪 *Hystrix hodgsoni*
啮齿目豪猪科

国内广布于南部和中部。栖息于森林和开阔田野。在岩石和堤岸下挖洞穴,晚上出洞。虽然是啮齿动物,但由于个体大,常常被人们猎获所食用,一些地方种群数量严重下降。在后河保护区,分布于独岭、香党坪、纸厂河等地。

(红外相机 拍摄)

(向明贵 拍摄)

1.7 红腿长吻松鼠 *Dremomys pyrrhomerus*
啮齿目松鼠科

国内分布于中南部和海南。栖息于海拔1000米左右的亚热带林区内,营半树栖生活,在石缝或树洞中筑巢。杂食性,主要以植物的果实、嫩枝叶及昆虫等为食。在后河保护区,主要分布于百溪河、南山、顶坪、栗子坪、六里溪、王家湾等地。

1.8 岩松鼠 *Sciurotamias davidianus*
啮齿目松鼠科

国内广布于中部。半树栖半地栖，偏爱岩石地形，行动敏捷，性机警，胆大，在岩石缝隙之间的深处筑巢。食物以植物果实及种子为主，具有能携带食物的颊囊，无冬眠习惯，但冬季活动量相对较少，主要在日出之后活动。在后河保护区，主要分布于顶坪、纸厂河、独岭等地。

（红外相机　拍摄）